恐龙小Q

小学生
趣味
大科学

地球的两端
南极、北极

恐龙小Q少儿科普馆 编

吉林美术出版社 | 全国百佳图书出版单位

目录

地球的两端——南极、北极……4

冰雪统治的世界……6

驶进神秘南极……8

冰盖下的大陆……10

难以琢磨的怪天气……12

迷失在奇幻的天空下……14

麦克默多怪异之地……16

谁才是超级植物？……18

欢迎来到企鹅之家……20

海天之间的爱与恨……22

涉险海洋深处……24

追随迁徙者的步伐……26

穿越北极航道……28

巧遇绚丽的极光……30

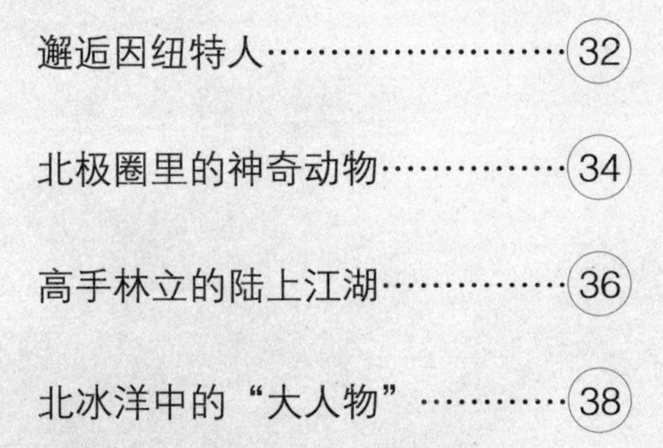

邂逅因纽特人…………………32

北极圈里的神奇动物……………34

高手林立的陆上江湖……………36

北冰洋中的“大人物”…………38

令人钦佩的飞鸟…………………40

信仰自然的植物…………………42

神奇的极地建筑…………………44

保护危机重重的极地……………46

“老白事务所”是一家专门帮动物们解决麻烦的地方。有一天，一只南极企鹅的求助信寄到了这里，信上说它在一次暴风雪中丢失了自己的蛋，希望事务所成员能给予帮助。

地球的两端——南极、北极

南极和北极位于地球的两端，在地球南端的是南极，在北端的是北极。极地地区大部分时间的温度都在 0℃以下，是地球上最寒冷的地方。

我们的计划是先去企鹅的家乡——南极。
好的！

极地为什么那么冷？

太阳是个大火球，为整个地球提供热量。极地地区位于地球的两端，能够分得的热量本就少得可怜，再加上厚厚的冰雪层的反射，大部分阳光就不得不从哪儿来再回哪儿去了，不冷才怪。

太阳好“偏心”哪！

北极

北极大部分地区被北冰洋所占据。浩渺的北冰洋即使在夏季也有近一半的洋面被海冰覆盖着，是世界上最冷的大洋。

北极：冰层＋海洋

北极圈

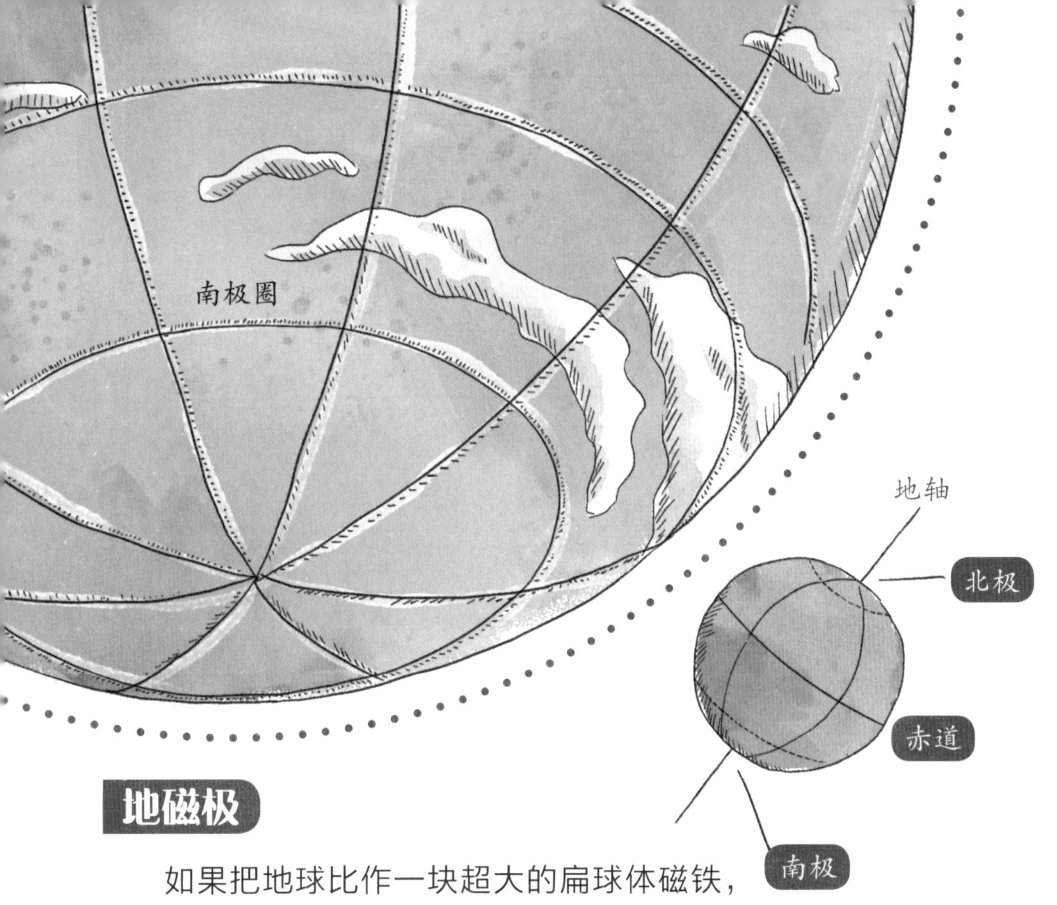

地磁极

如果把地球比作一块超大的扁球体磁铁，它的磁极就在南北两端，并且南、北磁极的位置是经常缓慢移动的。

极圈

“极圈”其实是人们想象出来的两个“圈”，分别为南极圈和北极圈。南极圈是南纬 66° 34′ 的纬线圈，北极圈是北纬 66° 34′ 的纬线圈。

在极圈内，太阳仿佛“失灵”一般，会出现极昼和极夜现象。极昼时，太阳总不落下，连续几个月全是白天；极夜时，太阳总不升起，连续几个月全是黑夜。

南极

南极：冰层 + 陆地

位于南极的南极洲面积约为1405万平方千米，为世界第五大洲。它大部分地区都被厚厚的冰层覆盖着，因此有“冰雪高原”之称。

极点

地球围绕着一根“地轴”不停地斜着身子自转，地轴与地球表面相交于两点，分别是南极点和北极点。

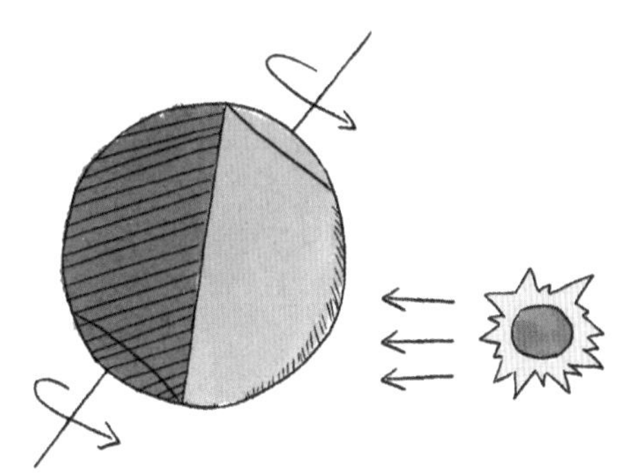

太阳照射到的一面为白天，另一面则为黑夜。

出发前是要做足功课的。
必要装备一定要带上。
还是多读读攻略吧。
谁能救救我？！

冰雪统治的世界

原来极地有这么多的学问。
南极和北极都是被冰雪覆盖的世界。
咯吱！咯吱！
那个，极地的冰能吃不？
冰盖
冰山
冰舌
冰架
塔状冰山
桌状冰山

冰盖

冰盖是长期覆盖在陆地上的极厚的冰层，地球上面积最大的冰盖是南极冰盖。

冰架

冰盖一直延伸到海面之上，就形成了冰架。

1912 年，著名的豪华游轮“泰坦尼克号”就是因为在首航途中撞到了大西洋中的巨大冰山，最终致使游轮沉没。

冰舌
冰舌是冰盖前端像舌头一般伸向海面的部分。
冰山
冰架崩裂掉进海里后，形成的像山一样庞大的漂浮物，便是冰山。
颗粒冰
海面上的细小冰晶颗粒。
脂状冰
漂在海面上像油脂一样的冰。
初生冰
脂状冰冻结成片形成的薄冰片。
饼状冰
初生冰不断加厚，在风浪的作用下相互碰撞，边缘上翘，形成饼状冰。
堆积浮冰
在风和波浪的作用下堆积在一起的较小的冰块，就是堆积浮冰。
为了找到蛋宝，我们向极地进发！
下次换我喊口号！

驶进神秘南极

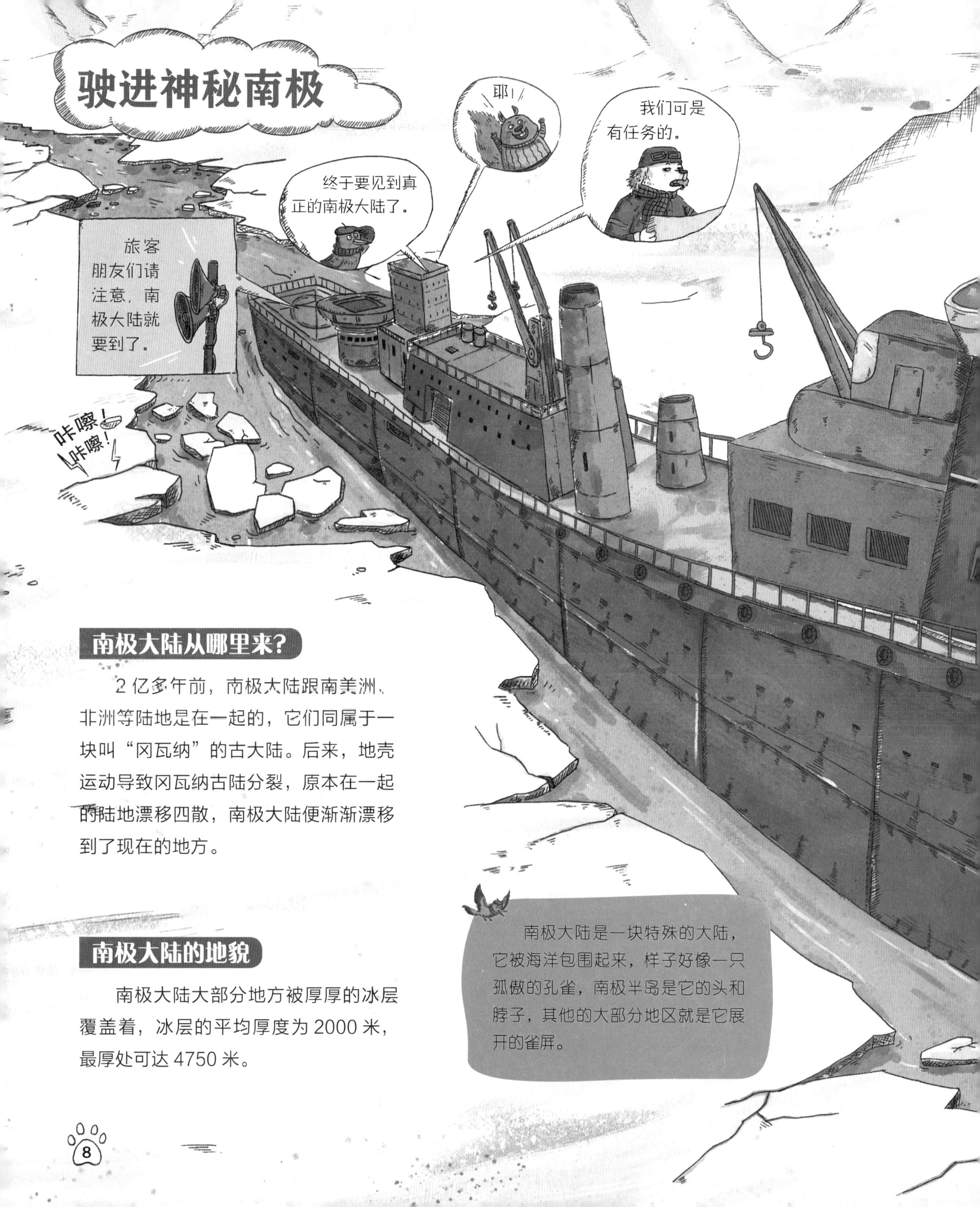

旅客朋友们请注意，南极大陆就要到了。
终于要见到真正的南极大陆了。
耶！
我们可是有任务的。
咔嚓！咔嚓！
南极大陆是一块特殊的大陆，它被海洋包围起来，样子好像一只孤傲的孔雀，南极半岛是它的头和脖子，其他的大部分地区就是它展开的雀屏。

南极大陆从哪里来?

2 亿多年前，南极大陆跟南美洲、非洲等陆地是在一起的，它们同属于一块叫“冈瓦纳”的古大陆。后来，地壳运动导致冈瓦纳古陆分裂，原本在一起的陆地漂移四散，南极大陆便渐渐漂移到了现在的地方。

南极大陆的地貌

南极大陆大部分地方被厚厚的冰层覆盖着，冰层的平均厚度为 2000 米，最厚处可达 4750 米。

南极的范围

南极泛指南极圈以南的广大区域，包括南极洲及其周边的海域。但曾经，关于南极范围的划定，学术界还有过激烈的争论呢。

植物学家

南极植物稀少，应该以树木分布的界线作为南极区域的界线。

地质学家

可是我们觉得应该以南极大陆的实际边缘作为南极区域的界线。

气象学家

南极那么冷，应该以南半球1月份平均气温10℃时的等温线作为南极区域的界线。

伙计们，快看！

最晚发现的大陆

南极大陆是人类最晚发现的大陆，从发现到现在只有200多年的历史。跟其他大陆比起来，南极大陆只能算作人类的“新朋友”。

冰盖下的大陆

南极洲 98% 的地方都被冰雪覆盖着，大量的冰雪经过漫长岁月的沉积，形成了世界上最大的冰盖——南极冰盖。

冰盖下的秘密

万年工程

冰冻三尺，非一日之寒。南极冰盖这个大“工程”是经过了上百万年的冰雪沉积才形成的。

冰雪高原

南极洲的平均海拔为 2350 米，比起其他的大洲，它是个名副其实的“高个子”。即使多山多高原的亚洲，也只有“仰视”它的份儿。

悄悄运动

南极大陆的冰盖就像一张中间厚四周薄的饼，在重力和狂风的帮衬下，冰盖会沿着陆坡向海岸慢慢地移动。

打住！咱们可是来找蛋宝的！
据说，在南极冰盖的下面藏着许多“宝藏”。
要不要挖挖看？

南极冰下湖

在南极地壳与冰盖中间，存在着大量的冰下湖。有的湖被隔绝在 4000 多米厚的冰层之下，50 多万年都未见天日了。

冰火两重天

如果真有“冰火两重天”的地方，那一定是在南极。在南极酷寒的冰盖下隐藏着许多火山，其中最出名的是埃里伯斯火山。

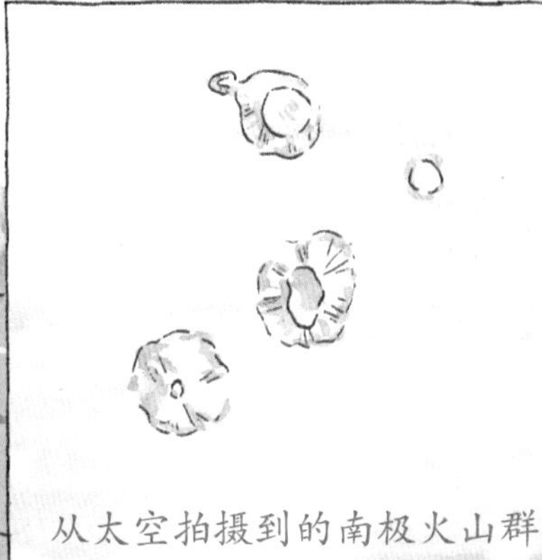
从太空拍摄到的南极火山群

丰富的矿藏

南极是一个“聚宝盆”，冰层之下蕴藏着十分可观的矿藏资源，其中煤、铁和石油的储量均为世界第一，煤储量更是几乎占到了世界煤储量的一半。

难以琢磨的怪天气

极寒之地

如果给南极贴上一个标签，那就是“冷”。南极的“体温报告”让人看一眼就瑟瑟发抖：年平均气温为 −25℃，极端最低气温曾达 −89.2℃。

真的有-89.2℃的地方？

那可不，在那样的环境下，滚烫的开水能瞬间成冰。

世界“风极”

世界上最强劲的风大概就是南极的风了，这里的年平均风速为每秒 17—18 米，最大风速可达每秒 100 米。处在风暴中的人会瞬间迷失方向，并且很有可能像一片叶子一样被吹得无影无踪。

太冷啦！

暴风雪的故乡

南极的风可不是单纯的风，它常和大雪“勾结”在一起，狂风卷着积雪，横扫整个南极大陆。碰上这样的天气，即使常年生活在南极的动物，有时也不能安然无恙。

白色荒漠

南极的冷是干冷，因为这里是世界上最干燥的地方之一。这里的年平均降水量只有 55 毫米，降水量最少的地方不足 5 毫米，比很多沙漠还要干燥，所以南极有“白色荒漠”之称。

在南极的科考站的主要建筑之间会拉起粗粗的“救命绳”，遇上暴风雪天气时，人们可以拽着绳子行走，以免被狂风卷跑。

迷失在奇幻的天空下

与众不同的日出与日落

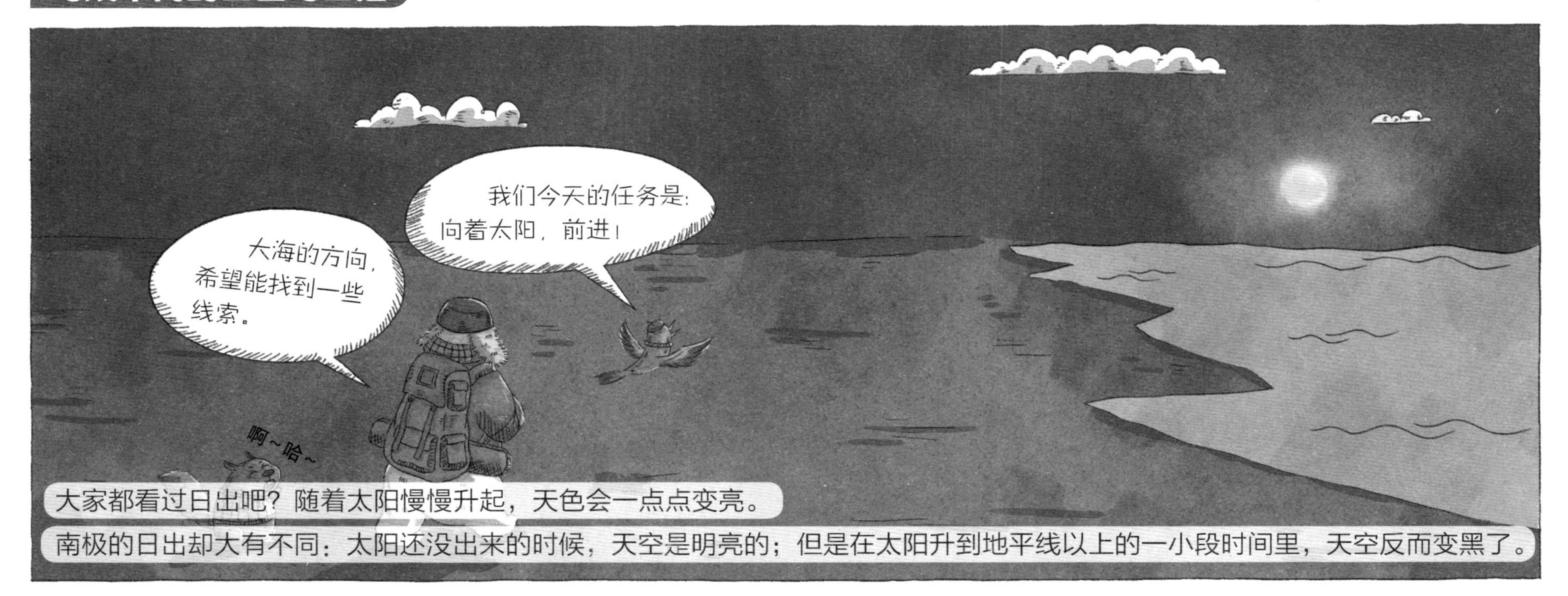

大海的方向，希望能找到一些线索。
我们今天的任务是：向着太阳，前进！
啊~哈~
大家都看过日出吧？随着太阳慢慢升起，天色会一点点变亮。
南极的日出却大有不同：太阳还没出来的时候，天空是明亮的；但是在太阳升到地平线以上的一小段时间里，天空反而变黑了。

太阳要落山了。
好奇怪的日落。
这是冰雪反射和折射光线的缘故。
南极的日落也同样奇怪：当太阳接近地平线时，天色黑暗；当太阳降落到地平线以下的一小段时间里天空会变亮，仿佛黎明。

神奇的太阳

幻日

在《后羿射日》的神话故事里，天空中有 10 个太阳，然而在南极类似情况会真的发生：太阳光经过大气中冰晶一系列的折射和反射作用，就会出现多个太阳同时挂在天空中的假象，这就是“幻日”现象。

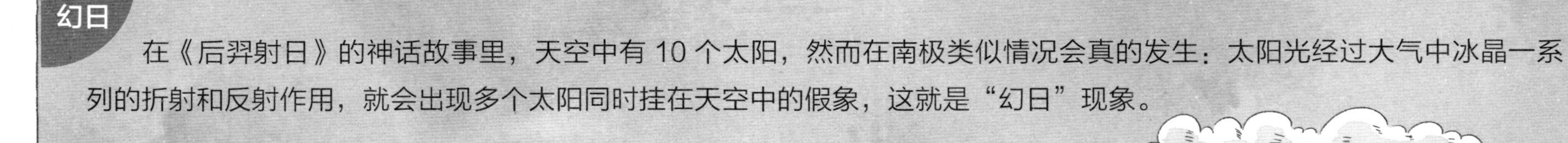

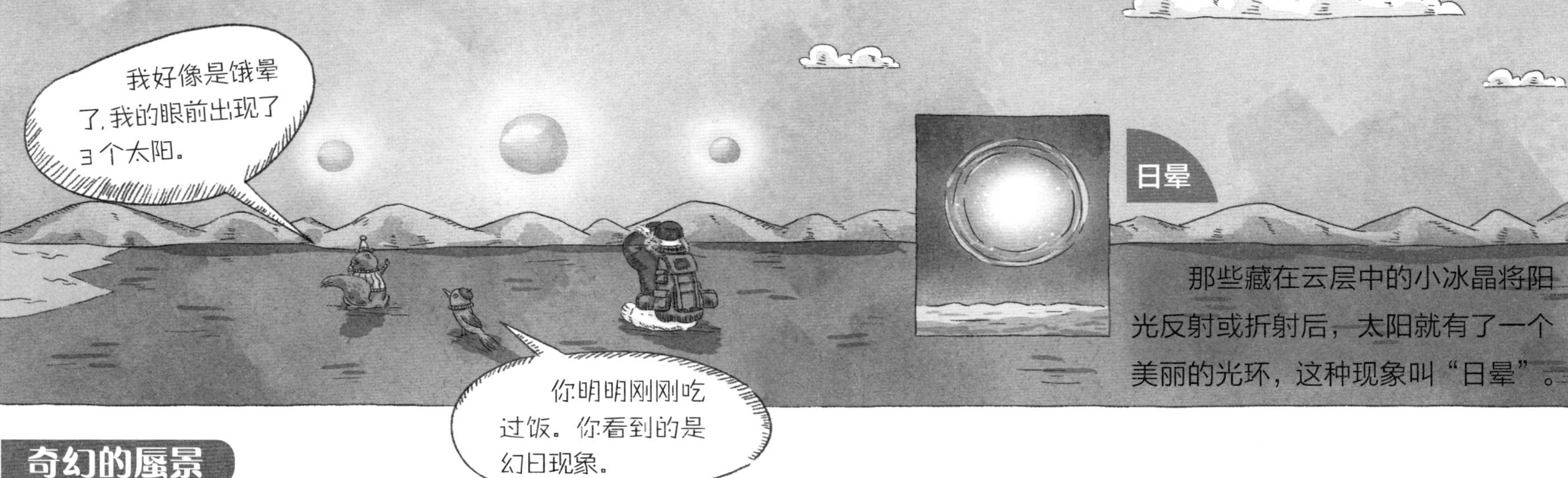

日晕

那些藏在云层中的小冰晶将阳光反射或折射后，太阳就有了一个美丽的光环，这种现象叫“日晕”。

奇幻的蜃景

无论南极还是北极都会出现蜃景，蜃景是因为光的折射而形成的一种自然现象。某个时间，远处会突然浮现出城市的景象，但是你完全没必要去一探究竟，因为下一秒它可能就消失啦。

2009 年，“极地曙光号”驶入北极的时候，曾被无数冰山挡住了去路，但是经验丰富的船员很快就判断这是蜃景。后来冰山果然消失了，证实了船员的猜想。

麦克默多怪异之地

没有绿色的绿洲

麦克默多绿洲是南极的绿洲之一。南极的绿洲并不是指常见的长满树木的地方，而是指那些没有冰雪覆盖的地带，比如干谷、火山、湖泊等。南极除了麦克默多绿洲，同样被称作绿洲的还有班戈绿洲、南极半岛绿洲等。

我们应该是来到了麦克默多绿洲。

麦克默多？绿洲？

原本以为南极会很好玩，怎么越走越荒凉。

你们看那边。

别说，这儿还真挺像火星的。

南极火星地带

麦克默多绿洲主要由维多利亚干谷、泰勒干谷和赖特干谷组成，其中泰勒干谷十分干燥，据说这里已有 200 多万年没有下过雨了，空气中没有一丝水汽。U 形的山谷边坡陡峭，褐色的土地上到处都是沙砾和石块，这里没有植物生长，但能见到被风化的动物尸体。这片贫瘠的荒凉之地是地球上最像火星的地方，“南极火星地带”的称号便由此而来。

永不结冰的水塘

这里有多个堪称“奇迹”的小水塘，即便在南极最冷的时候也不会结冰。因为池塘的水里面含有大量的盐分，含盐量是海水的好多倍。

干谷多是由冰川雕琢而成的。随着冰川的移动，谷底和谷壁暴露出来，风沙对其“再加工”，就呈现出了现在的地貌。

南极科考家
水！
好咸哪！
唉，今天又是毫无进展的一天。
嘿，“血瀑布”我还真是第一次见！
别灰心，我们一定会找到线索的。

在南极这样一个冰封的世界，那些没有被冰雪覆盖的地方让我们感到格外亲切，所以我们就叫它们“绿洲”啦。

“流血”的冰川

在泰勒干谷附近有一条从冰川上倾泻而下的“血色瀑布”，被称作“血瀑布”。它是一处冰川景观，之所以呈现血色，是因为里面含有一些红色的被氧化的铁金属。

谁才是超级植物？

邀请函

谁才是超级植物？

南极发草、地衣和苔藓为了争夺“超级植物”之名现已开赛！比赛地点在白色荒漠南区，诚邀您来！

南极植物协会

X年X月X日

疯狂的“头发”——南极发草

特殊技能：体内有“抗冻基因”，霜冻寒风都不怕。

生命值：★★★★★

南极发草的样子很像毛茸茸的头发，在这些“头发”上能开出小穗状花序。南极发草三五成群地生活在石头缝里和薄土中，它们的根须可以伸入到地下十几厘米的地方。

南美洲南端也有南极发草的身影，据说是风或鸟类把它们的种子带过去的。

讨厌，快把你的屁股挪开！

这些毛球好软，我投它们一票！

古老的“见证官”——地衣

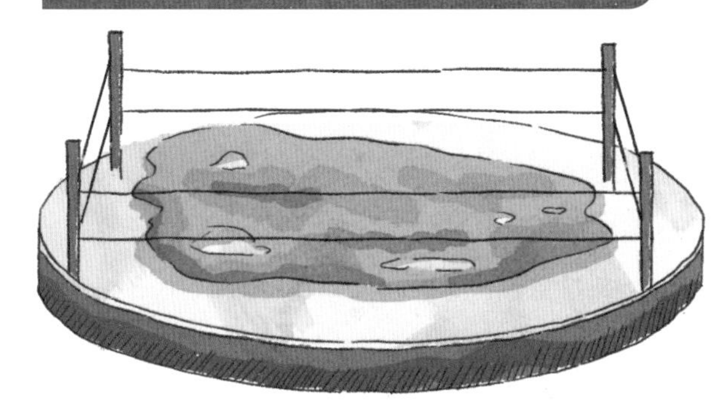

特殊技能：真菌和藻类共生的“金刚身”，不仅不怕低温，高温也伤不了身。

生命值：☆☆☆☆☆

地衣已经在极地生活了上亿年，是地球生物界的老寿星。海藻被海水抛到岸上，遇到真菌“一拍即合”，便长成了地衣。地衣的生长速度极慢，每一百年才长1毫米。它们还超级抗冻，科学家研究发现，即便是在-198℃的超低温环境中它们也能生存。

我选地衣！它们可是生物界的老寿星！

成片生长的“小矮人”——苔藓

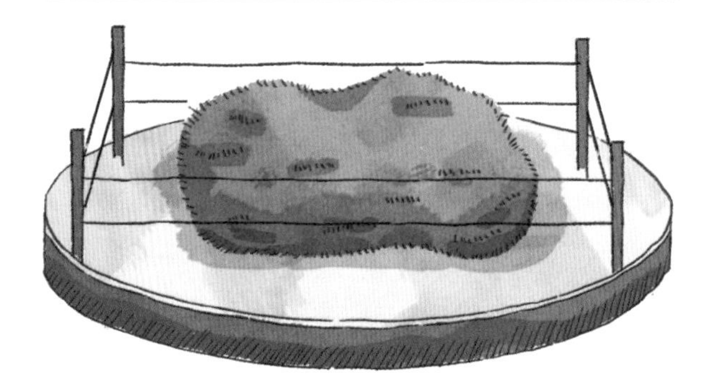

特殊技能：神秘“脱水术”的传承者，拥有“酷寒来袭先脱水”的技能。

生命值：☆☆☆☆☆

苔藓生长在寒冷的岩石上，能够顽强地“抓”住石头拼命生长。它们长得不高，但会长得很“远”，一片一片就像地毯一样。

欢迎来到企鹅之家

企鹅旅馆
欢迎来到我的家。
好饿！
黑色背部、雪白肚皮，仿佛身穿燕尾服的绅士。
羽毛又细又厚，是保暖利器。
翅膀很小，不能像其他鸟类那样飞翔，但它确确实实是鸟类。
流线型的身形非常适合游泳。
VS
不紧不慢的绅士
身手矫捷的“游侠”
粉红色的便便，是爱吃磷虾的缘故。
脚掌短平，趾间有蹼，可以让它在水中快速游动。

企鹅喜欢“聚会”，往往几百只或上万只聚在一起，最多的时候甚至有20多万只。

磷虾、小鱼等是企鹅爱吃的食物，为了这口“鱼虾饭”，企鹅们不惜潜到冰冷的深海中。一进到水中，它们便像出膛的子弹一样快速游动，速度每小时 20—30 千米。

海天之间的爱与恨
哟，大翅膀兄弟，这是接的什么业务，给老鼠当座驾？
走开，不说话没人把你当哑巴！
它……它……它说谁是老鼠？！
那个没礼貌的家伙是谁？
哼！它就是人见人恨的坏小子——南极贼鸥。
南极贼鸥好几次抢走了我的食物。
吐槽南极贼鸥大会
它霸占了我的巢。
“一无是处”的南极贼鸥
南极贼鸥，“鸟如其名”，坏事干尽，在南极甚至整个动物界的名声都不好。
凶残
从小就是“好战分子”，喜欢打架，甚至骨肉相残。
偷盗
热衷偷企鹅蛋，正因如此，帝企鹅才在冬季孵蛋。
建议书
强烈建议把南极贼鸥逐出南极、地球、宇宙！
抢劫
喜欢不劳而获，不仅抢食物，连巢也抢。
我可怜的孩子也被它……被它偷走了。
懒惰
是真正的“懒汉”，没有现成食物时，宁可吃垃圾、动物粪便。
唉，我就浮出水面透口气的工夫，都能被这个家伙欺负。

漂泊信天翁是最忠贞的鸟类之一，奉行一夫一妻制。它们在寻找配偶时往往会先考察几年，一旦确定“意中人”就会相守到老，“分手”的现象很少见。

飞行家

漂泊信天翁是翼展最长的鸟，双翅展开的平均长度在 3 米左右。这对大翅膀赋予了漂泊信天翁高超的滑翔能力，它们能在高空中停留几个小时都不用扇动翅膀，真正开启“全自动”飞行模式。

涉险海洋深处

南极巨虫

深海“怪物”

大王酸浆鱿

聪哥，我觉得好像有双眼睛在看着我。

不是“好像”，是真的！

巨眼 大王酸浆鱿的身体长度有十几米，一只眼睛就有篮球那么大。

鸟嘴 它有鸟嘴一般坚硬的喙，能把猎物撕成碎片。

喷水 只要锁定猎物，大王酸浆鱿的身体就会像离弦的箭一样向前游去。这是因为它身体下方有喷水漏斗，喷水漏斗周围的强健肌肉能帮助大王酸浆鱿快速喷水，这样它的身体就会迅速向前冲去。

南极章鱼

这个家伙是南极章鱼，瞧，它多美！可在它美丽的外表下，却藏着“狠毒”的一面。它体内有剧毒，一旦被它缠住就只能等死了。

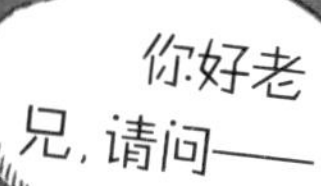
你好老兄，请问——

老白，慢着！那家伙有剧毒！

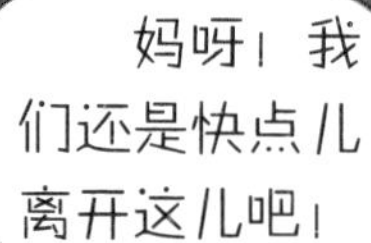
妈呀！我们还是快点儿离开这儿吧！

它的血液呈蓝色，这种血能让它不惧怕寒冷，即使在极地深海也能潇洒地生活。

深海“狠角色”

羽毛星

海猪

豹海豹

豹海豹是南极的“狠角色”，它有长长的脖子、长而宽的下颚和满嘴尖尖的牙齿。哪个倒霉鬼一旦被它锁定，就只有被撕碎的下场。

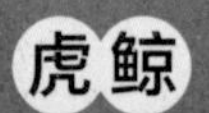

虎鲸

谁能想到，像豹海豹这么厉害的动物也有天敌，那就是虎鲸。虎鲸也叫逆戟鲸，它的体长可达 10 米，肌肉强健，能够冲破 1 米厚的片状浮冰。最厉害的还要数它的牙齿，锋利的牙齿能撕碎猎物，连凶狠的大白鲨也要让它三分。

请问，你们见过这枚企鹅蛋吗？

我好像看到过一头鲸带着它。

哎呀呀，又凶又“虎”。

虎鲸好可怕。

是的，是的，是一头座头鲸，我确定！

追随迁徙者的步伐

我送你们几个走吧！
那就太感谢了。

哎呀，冤家路窄。兄弟们，恕不远送！

咦？？？

座头鲸

南大洋中，座头鲸每年冬季都会去温暖的海域繁殖后代，次年夏天再折返回来。

一枚落水的企鹅蛋？它早就顺着海水漂走啦！你们可以去问问北极燕鸥，它们见多识广。

头上有结节或小突起。

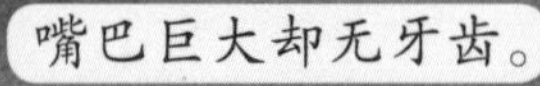

嘴巴巨大却无牙齿。

身形短而宽，体长一般有13—15米。

性情温顺，游速相对较慢。

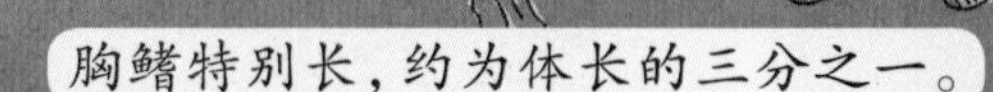

胸鳍特别长，约为体长的三分之一。

优美的海上跳跃者

尾鳍能激起巨大浪花

走直线的“模特” 座头鲸的大脑发达，是精密的“导航系统”。它们喜欢直线游行，纵使距离很远，偏差也不会超过5度。

海洋“歌唱家” 座头鲸喜欢“唱歌”，交流几乎都用“歌声”。但因生活的海域不同，它们“唱歌”的曲调也不一样，这大概就是座头鲸的“方言”吧。

雪雁
南极贼鸥
嘿，伙计们，还在找蛋哪？
信天翁
北极燕鸥
北极燕鸥算是南极的“访客”，它们会穿过大半个地球来南极过冬，次年再返回去，全程4万多千米，是动物界最长迁徙距离的纪录的保持者。
您是不是见过一枚顺着海水漂走的企鹅蛋？
那是很久以前的事情了，现在它已经在去往北极的路上了。
北极燕鸥
栖息在沼泽、海岸地带。
头顶带着黑“帽子”，全身灰或白。
会以“叼鱼”的方式向对方表达爱意。
你知道吗？据说北极燕鸥一生飞越的距离总和，相当于在地球和月球间来回好几次呢！
S形路线
北极燕鸥的返回路线呈S形，虽比飞直线绕远，但却因借风向的“东风”而省了不少力气。
喜欢集体活动，常联合起来抵御敌人。
好厉害！

穿越北极航道

北极航道

北极航道是指穿过北冰洋，连接大西洋和太平洋的海上通道，主要包括“东北航道”和“西北航道”。

东北航道 从北欧出发，穿过北冰洋南部的巴伦支海、喀拉海、拉普捷夫海、东西伯利亚海、楚科奇海和白令海，到达亚洲。

西北航道 西北航道大部分航段位于加拿大北极群岛附近水域，指从北大西洋进入北冰洋，然后再进入太平洋的航道，是连接大西洋和太平洋的一条捷径。

航道探寻历险之旅

北极航道的开通大大缩短了欧洲与亚洲之间的航程，减少了运输成本。比如从中国到欧洲，如果走北极航道的话，就会比走传统航道节约很多时间。

1553年 英国探险家休·威洛比与船员在寻找欧洲通往亚洲的航线过程中全部遇难。

1903—1906年 挪威的阿蒙森乘坐一艘渔船首次打通西北航道，历时3年才完成艰苦的航行。

1940—1942年 加拿大的帆船“St.Roch号”从西向东，花了27个月才第二次走通西北航道。

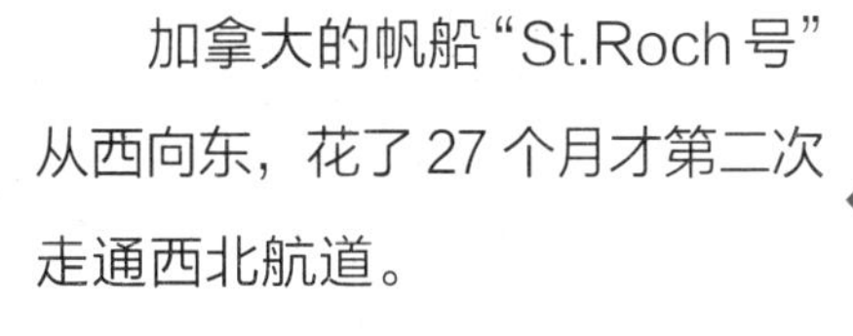

1969年 “曼哈顿号”油轮穿越西北航道，将原油从阿拉斯加运抵纽约。

告诉你们一个秘密，它已经不是一枚蛋了。
什么？！
Z Z Z

巧遇绚丽的极光

极光之美

极光有时很短暂，一下便没了踪影；有时会持续一段时间，可以连续闪耀几个小时。它出现的时候，假如我们乘着宇宙飞船从太空向地球望去，会看到地球的极地地区闪耀着耀眼的光芒，仿佛一场盛大的环幕电影。

极光的形态

圆弧状的极光弧

我得知道极光是怎么回事？

极光的秘密

极光是怎么出现的？这要从太阳说起。太阳发出的高速带电粒子在地球磁场的作用下折向南北两极附近，与大气擦出“火花”，形成奇妙的彩色光芒，这便是极光。

你知道吗？不仅地球上会出现极光，太阳系其他的某些行星上也会出现极光。

飘带状的极光带

好像云朵的极光片

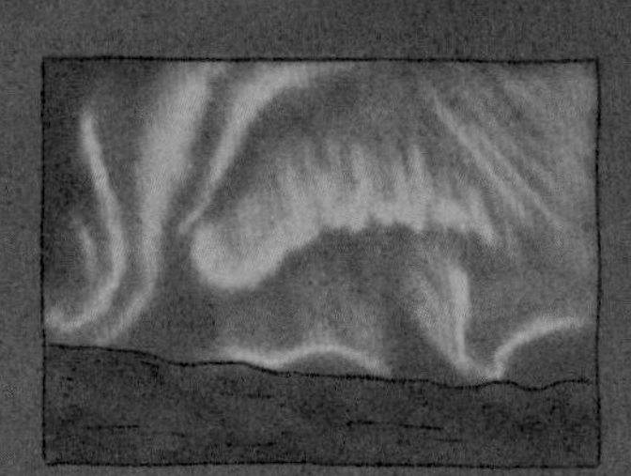

纱帐一样的极光幔

射线状的极光芒

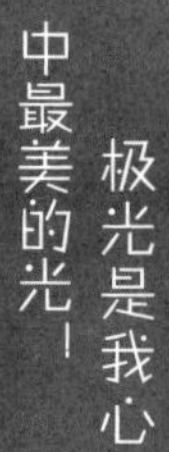

极光是我心中最美的光！

极光的声音

极光出现的时候，有时是有声音的。据听到的人说，极光发出的声音听起来像一种爆裂声，也有人说那声音像一种从很遥远的地方传来的声音。

邂逅因纽特人

北极圈附近的居民

因纽特人生活在北极圈附近，是生活在地球最北部的人群。

几千年前，因纽特人的祖先从亚洲出发，到达北极圈附近以后便在那里定居下来，所以因纽特人多是黄色人种。

嘿，你们几个……

连指手套

衣 为抵御严寒，因纽特人用动物毛皮做衣服。

连帽上衣

食 因纽特人世代以捕猎为生，住在海边的因纽特人会捕食海兽和鱼类。

厚靴子

工具和武器

因纽特人多用石头和动物的骨头做工具和武器。

住 他们住雪屋、木屋和临时帐篷。雪屋就是雪房子，一般只作为他们外出狩猎时的临时住宿场所。

行 因纽特人出行时会用狗拉雪橇，出海时则会驾驶兽皮小艇或汽艇。

狗是因纽特人亲密的朋友，它们吃苦耐劳，能拉雪橇、拖船、看家、打猎，是因纽特人不可缺少的好帮手。

喂，别吹口哨！
什么情况？
肚子好饿。
咕噜
我知道你们要找的企鹅蛋在哪里。
在美丽的向阳花那里。

北极圈里的神奇动物

那个小朋友说的是真的吗？

当然，她说企鹅蛋就在向阳花那里。

什么小朋友？什么企鹅蛋？什么向阳花？

你们是在找企鹅蛋吗？我可以找我的朋友来帮助你们。

拥有美丽鹿角的驯鹿

驯鹿，也叫角鹿，它长着像树枝一样的美丽鹿角。它的鹿角每年都会更换一次，旧的鹿角刚刚脱落，新的鹿角便开始生长。

北极的“原住民”

海象已经在北极生活了很长时间，是北极的“原住民”。它长着两根长长的獠牙，这是它的“万能工具”。海象既能用它们掘取食物，也能用它们抵御敌人，还能把它们当作拐杖支撑身体。

海象是我的老朋友了，虽然……

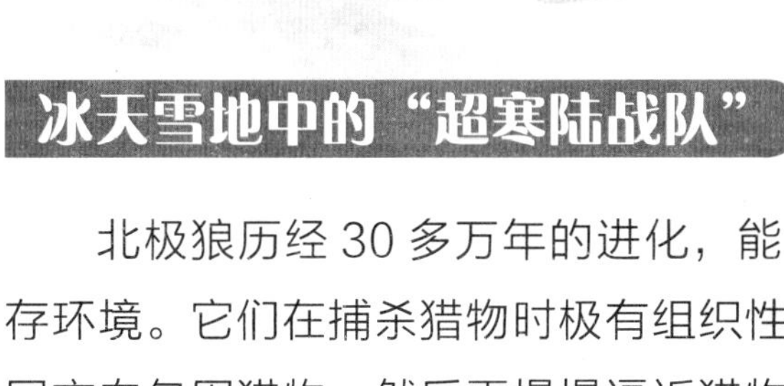

冰天雪地中的“超寒陆战队”

北极狼历经 30 多万年的进化，能够适应极寒的生存环境。它们在捕杀猎物时极有组织性，它们会先从不同方向包围猎物，然后再慢慢逼近猎物，一旦时机成熟就会发起进攻。如果猎物逃脱，它们便会全力追赶，时速能达到 65 千米。

高手林立的陆上江湖

听说你们来北极找蛋，找得怎么样了？
还没找到。
它们几个都是高手，可以帮助你们！
厉害了，这是什么情况？
还是不麻烦各位了。
我也不知道！

北极霸主——北极熊

这就是北极霸主——北极熊，它威风凛凛，站起来的身高近 3 米，在北极算是顶级猎食者，很少有动物敢向它发起挑战。

北极熊的“功夫”了得，它有敏锐的视觉和听觉，嗅觉更是比狗还要灵敏；它奔跑速度极快，远超世界百米冠军的奔跑速度；它力大无穷，一掌拍下去，对手非死即伤。

北极熊是天生的游泳健将，它掌大而宽，巨大的前爪犹如船桨，再配合着有力的后腿，能让它的游泳时速达到 10 千米。

在捕捉猎物方面，北极熊更是“熟读兵法”，因为它懂得“守株待兔”的招数。它趴在冰面的洞口旁边一动不动，就是在等着对方露头，然后一招制胜。

伪装大师——北极狐

北极狐可是著名的伪装大师，它的毛能“变色”。冬天，北极狐的毛色雪白，跟雪地完美地融合在一起；到了春夏时节，它的毛变成了青灰色，在冻土的背景下丝毫不显突兀。

伪装大师——北极兔

北极兔的跑跳能力很强，脚丫像被施了魔法一样，从雪地跑过不会陷进去，所以它也被称作“雪鞋兔”。它的伪装技术同样了得，毛色夏棕冬白，可以完美地隐藏自己。

侠义之士——旅鼠

旅鼠的体形比普通的老鼠要小一些，但它的胆量却一点儿也不小。遇到敌人时，它会顽强抵抗，皮肤变红，就像视死如归的侠客。

北冰洋中的“大人物”

“海洋巨人”格陵兰鲨

如果要评选北冰洋中的“大人物”，格陵兰鲨绝对算一个。它是北极体形最大的鲨鱼，也是世界上最长寿的动物之一，它能活到四五百岁。

格陵兰鲨也叫“格陵兰睡鲨”，因为它的行动速度实在太慢了，懒洋洋的好像睡着了一样，来回摆动一次尾巴都要七八秒。它锁定猎物时，同样也是慢悠悠地游过去，然后趁其不备，突然发动袭击。别看它游得慢，但它却是顶尖的捕食高手。

不要以为格陵兰鲨能精准攻击就一定是“明眼人”，其实它大大的眼睛里面住满了寄生虫，大半个眼角膜都被这些寄生虫吃掉了，所以大多数格陵兰鲨是“睁眼瞎”。

蓝鲸

不光是在极地，就是在整个地球上，蓝鲸都是现存最大的动物。它体长 22—33 米，体重 150—180 吨，相当于两三千人的体重总和，所以它是动物界当之无愧的“巨无霸”。

两三千人？
我身体长，跟我比你可差远了。
这个……咱不比体长，只比脑袋的大小怎么样？

抹香鲸

如果比体长，抹香鲸 18 米的体长在海洋动物中可能不占优势，但要比头部大小的话，抹香鲸绝对是头最大的动物。它的头部几乎占到自己身体长度的三分之一，这还真是“头大”呢。

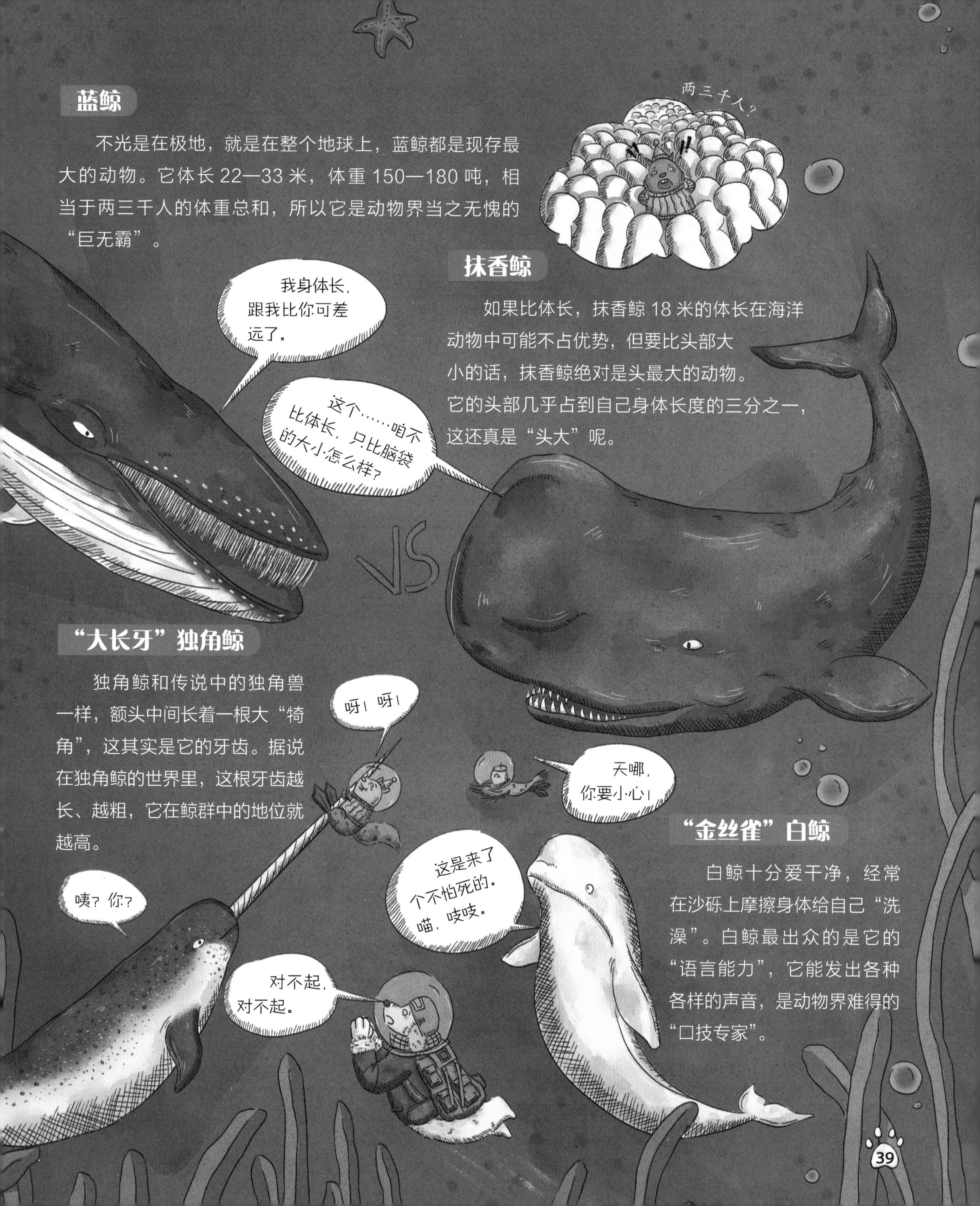

“大长牙”独角鲸

独角鲸和传说中的独角兽一样，额头中间长着一根大“犄角”，这其实是它的牙齿。据说在独角鲸的世界里，这根牙齿越长、越粗，它在鲸群中的地位就越高。

呀！呀！
天哪，你要小心！
咦？你？
这是来了个不怕死的。喵，吱吱。
对不起，对不起。

“金丝雀”白鲸

白鲸十分爱干净，经常在沙砾上摩擦身体给自己“洗澡”。白鲸最出众的是它的“语言能力”，它能发出各种各样的声音，是动物界难得的“口技专家”。

令人钦佩的飞鸟

坚持不懈的黄金鸻

黄金鸻是十分坚忍的鸟，在飞向过冬地的过程中，它们可以一口气飞行4000多千米，连续飞行时长达48个小时，坚定地向着目的地飞去。另外，在遇到敌人时，它们会使出浑身解数抗敌，直到对方离开。

乐观向上的柳松鸡

柳松鸡是“爱笑”的鸟，从早到晚发出“咯咯”的“笑声”，但不要因为这样就以为它们过得一帆风顺。它们一方面要对抗寒风，在冰雪中挖洞；一方面还要守护家园，与入侵者战斗。但这些困难都没能难倒柳松鸡，它们依旧每天快乐地生活着。

谁知道企鹅蛋在哪里呀?
看，有个漂流瓶！
“忙碌的素食主义者”知道企鹅蛋在哪里，你们去找它吧。
什么?！
“忙碌的素食主义者”?
您好，请问您知道谁是“忙碌的素食主义者”吗?
您好，请问您知道谁是“忙碌的素食主义者”吗?
咯咯咯
哈哈哈

大智若愚的绒鸭

绒鸭是一种大海鸭，它们看上去憨憨笨笨的，却敢与敌人做邻居。它们把巢穴建在海鸥巢附近，借助海鸥的力量驱赶更强大的敌人，比如贼鸥、北极狐等。

啊呀！它断了！
在遇到强大敌人时，它们会假装翅膀折断，诱敌离开。
您好，请问您知道“忙碌的素食主义者”是谁吗？
“忙碌的素食主义者”吗？找它需要想一个好办法才行。
“忙碌的素食主义者”？我不知道，不过你们坚持找就一定能找到。

勤劳自律的黑雁

北极最自律的动物当属黑雁。每天天刚亮，它们就去海边觅食了，中午适当休息后继续工作，然后一直工作到天黑。在吃方面，黑雁是典型的“素食主义者”，只以植物为食，海藻、嫩叶、苔藓、地衣都能填饱肚子。

您好，请问您知道“忙碌的素食主义者”在哪儿吗？
先等等，等我忙完再告诉你们。
我想我知道“忙碌的素食主义者”是谁了，你们知道了吗？

信仰自然的植物

太阳的拥护者

极地罂粟：太阳坚定的拥护者。极地罂粟有着敞开的碗口状花瓣，它们朝着太阳的方向开放，努力把更多的热量吸收进来。为了追随太阳，极地罂粟通常生活在海拔 700 多米的土地上。

风的追随者

北极棉花：喜欢一大家子待在一起，白茫茫一片，好像一地棉花。北极棉花的白色绒球能保护种子不被冻伤。等到种子成熟后，绒球便带着种子乘风飞翔，就像蒲公英一样。

向天空生长的“高个子”
欧洲云杉：北极地区最高的植物之一，它们的“身高”有四五十米，“腰围”却不超过一米。它们有尖塔状的树冠、针状的叶子，能在 -30℃以下的环境中生存。
在北极，像欧洲云杉一样高大的树木有很多，比如西伯利亚冷杉，它们的“身高”有三十几米。
你们是在找这个“小可爱”吗？
估计已经破壳了，北极燕鸥提醒过我们。
“高个子”说的是我吗？
来看哪，这里有许多“高个子”！
唧唧！

神奇的极地建筑

你知道吗，极地有很多神奇的建筑，它们可以满足人们的居住需求，也可以很好地抵挡风寒。

半球状的雪屋

在极地，人们会用冰雪来建造雪屋。不要以为待在这样的屋子里面会很冷，雪具有很好的保温效果，屋里其实很暖和呢。

雪屋是半球状的，样子很像一口扣在地上的大锅，它既好住又好建，只需一两个人在很短的时间便可完成。

帐篷

萨米人传统的帐篷有一个木制的尖顶，篷布是用驯鹿皮做的。萨米人可以在里面用明火做饭，帐篷顶部的孔既能起到烟囱的作用，又具有很好的透光性。

科考站

在极地，有很多来自世界各地的科学家为了更好地进行科学考察，他们在这里建了很多座科考站。

没想到这个小家伙能跑这么远！
太不可思议了！
回家吧，小可爱。

帐篷顶部

中国北极黄河站

在极地，科考站是一道靓丽的风景，一个个体形庞大的科考站看起来就像是矗立在冰雪之上的UFO。

英国哈雷六号南极科考站

比利时南极伊丽莎白公主站

中国南极泰山站

法国和意大利共同修建的康科迪亚南极科考站

保护危机重重的极地

可怕的臭氧空洞

在地球的上空有一层气体保护罩，它是臭氧层。现在，这层保护罩的某些地方已经出现了“破洞”，这就是臭氧空洞。太阳光中的紫外线通过臭氧空洞长驱直入，使地球生态环境的平衡受到了严重的影响。

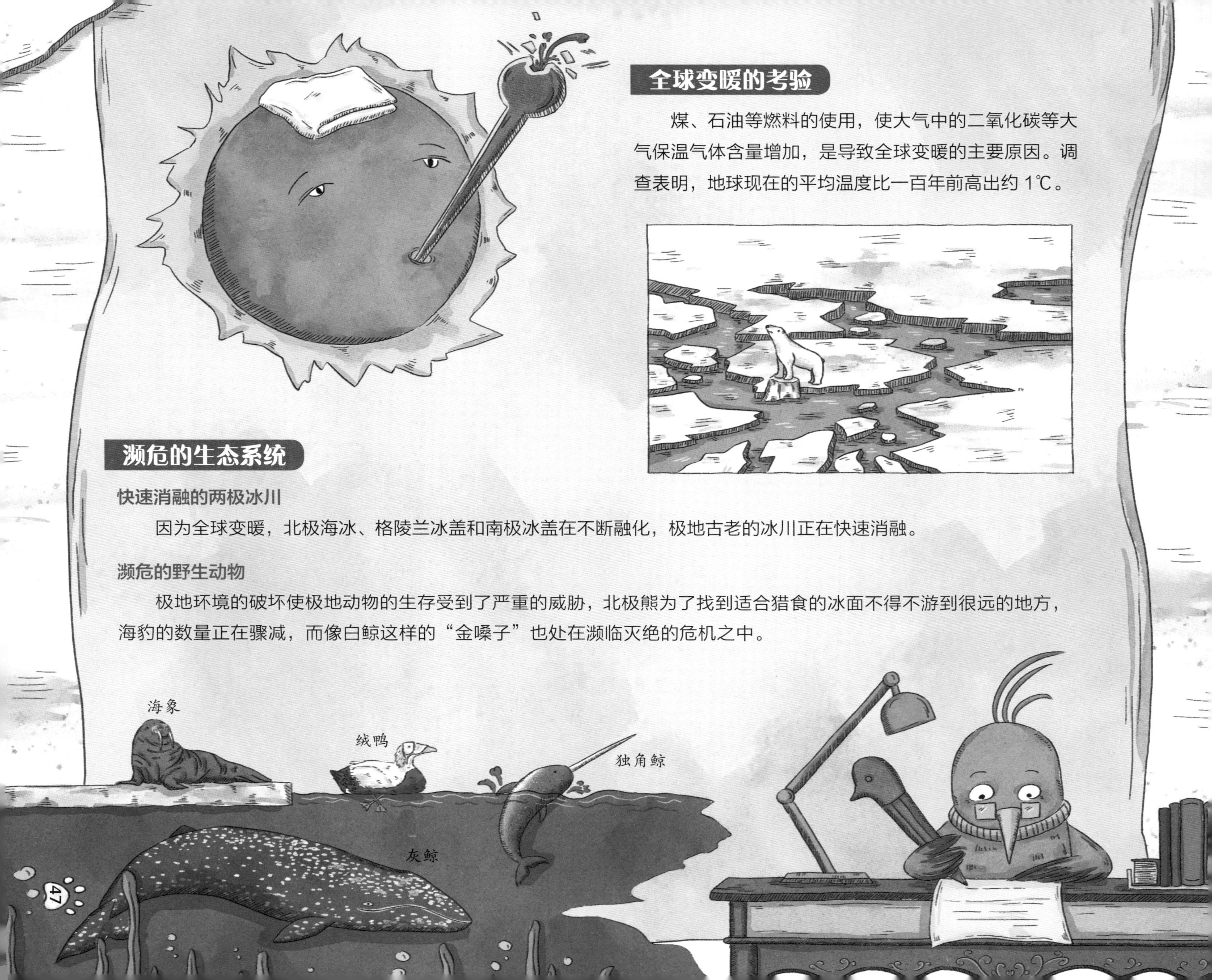

全球变暖的考验

煤、石油等燃料的使用，使大气中的二氧化碳等大气保温气体含量增加，是导致全球变暖的主要原因。调查表明，地球现在的平均温度比一百年前高出约 1℃。

濒危的生态系统

快速消融的两极冰川

因为全球变暖，北极海冰、格陵兰冰盖和南极冰盖在不断融化，极地古老的冰川正在快速消融。

濒危的野生动物

极地环境的破坏使极地动物的生存受到了严重的威胁，北极熊为了找到适合猎食的冰面不得不游到很远的地方，海豹的数量正在骤减，而像白鲸这样的“金嗓子”也处在濒临灭绝的危机之中。

图书在版编目（CIP）数据

地球的两端——南极、北极 / 恐龙小Q少儿科普馆编. — 长春 : 吉林美术出版社, 2022.4
（小学生趣味大科学）
ISBN 978-7-5575-7000-2

Ⅰ. ①地… Ⅱ. ①恐… Ⅲ. ①极地－少儿读物 Ⅳ. ①P941.6-49

中国版本图书馆CIP数据核字(2021)第210715号

XIAOXUESHENG QUWEI DA KEXUE
小学生趣味大科学
DIQIU DE LIANG DUAN NANJI、BEIJI
地球的两端 南极、北极

出 版 人 赵国强
作 者 恐龙小Q少儿科普馆 编
责任编辑 邱婷婷
装帧设计 王娇龙
开 本 650mm × 1000mm 1/8
印 张 7
印 数 1—5,000
字 数 100千字
版 次 2022年4月第1版
印 次 2022年4月第1次印刷

出版发行 吉林美术出版社
地 址 长春市净月开发区福祉大路5788号
邮政编码 130118
网 址 www.jlmspress.com
印 刷 天津联城印刷有限公司

书 号 ISBN 978-7-5575-7000-2
定 价 68.00元

恐龙小 Q

恐龙小 Q 是大唐文化旗下一个由国内多位资深童书编辑、插画家组成的原创童书研发平台，下含恐龙小 Q 少儿科普馆（主打图书为少儿科普读物）和恐龙小 Q 儿童教育中心（主打图书为儿童绘本）等部门。目前恐龙小 Q 拥有成熟的儿童心理顾问与稳定优秀的创作团队，并与国内多家少儿图书出版社建立了长期密切的合作关系，无论是主题、内容、绘画艺术，还是装帧设计，乃至纸张的选择，恐龙小 Q 都力求做到更好。孩子的快乐与幸福是我们不变的追求，恐龙小 Q 将以更热忱和精益求精的态度，制作更优秀的原创童书，陪伴下一代健康快乐地成长！

原创团队

创作编辑：大阳阳
绘　　画：焦金禹　李佳宝
策 划 人：李　鑫
艺术总监：蘑　菇
统筹编辑：毛　毛
设　　计：王娇龙　乔景香